Martin Fritz

Symmetrien in der Physik

Was sind Symmetrien?

GRIN Verlag

Bibliografische Information der Deutschen Nationalbibliothek:

Die Deutsche Bibliothek verzeichnet diese Publikation in der Deutschen National-bibliografie; detaillierte bibliografische Daten sind im Internet über http://dnb.d-nb.de/ abrufbar.

Impressum:

Copyright © 2012 GRIN Verlag, Open Publishing GmbH
Druck und Bindung: Books on Demand GmbH, Norderstedt Germany
ISBN: 978-3-656-25280-1

Dieses Buch bei GRIN:

http://www.grin.com/de/e-book/196258/symmetrien-in-der-physik

Inhaltsverzeichnis

1 Einführung

Wie muss ein Gesicht sein, so dass wir es schön nennen? Zuerst würde man sagen große Augen, reine Haut und so weiter, aber der Kern der Schönheit ist Symmetrie. Wenn das eine Auge oben links und das anderen unten rechts im Gesicht platziert wäre, würden wir so etwas nicht als schön bezeichnen. Genau mit dieser Vorstellung der Schönheit haben die Physiker die Welt beschrieben. Symmetrisch müssen die Naturgesetze sein, nur dann glauben die Wissenschaftler, dass sie richtig sind und tatsächlich lässt sich die Welt so beschreiben, doch es gibt auch kleine Ausnahmen. Diese Thematik wird in dieser Arbeit genauer erläutert und der Schönheit der Physik wird auf den Grund gegangen.

2 Was sind Symmetrien?

Wenn man einen perfekten Kreis um seinen Mittelpunkt dreht hat man etwas an diesem Kreis verändert, jedoch erscheint dieser Kreis unverändert, als ob man nichts gemacht hätte. Das gleiche Beobachtet man, wenn man ein Quadrat um 90 Grad dreht. Trotz eindeutiger Änderung dieses Objekts, sieht es vorher genauso aus wie nachher. Genau dieses Verhalten nennt man in der Physik Symmetrie und so wird es beschrieben: Bestimmte Änderungen (Transformationen) eines physikalischen Systems, bei denen dieses System unverändert erscheint. Wenn man bei einem physikalisches System eine Änderung bzw. eine Transformation durchführt, und das System danach genauso aussieht wie vorher, dann ist es invariant gegenüber dieser Transformation. Wenn man eine solche Transformation gefunden hat, wird sie als Symmetrieoperation bezeichnet.

Um auf das Beispiel am Anfang zurück zukommen, ist der Kreis invariant gegenüber Drehungen um seinen Mittelpunkt. Diese Symmetrie nennt man kontinuierlich, da es egal ist ob wir den Kreis um 90°, um 12,54° oder um jeden anderen beliebigen Winkel drehen. Dahingegen kann man ein Quadrat nicht um jeden beliebigen Winkel drehen, damit man danach nicht feststellen kann ob eine Transformation erfolgt ist. Diese Symmetrieeigenschaft tritt nur bei einer Drehung von 90°, 180°, 270° und 360° auf. Dies wird diskrete Symmetrie genannt, da nur bestimmte (diskrete) Symmetrieoperationen möglich sind.

Dabei muss man beachten, dass diese Symmetrien nur gelten, wenn der Beobachter immer der gleiche ist. Wenn ich nach der Drehung des Quadrats um 90° meinen Kopf um 12° neige, kann ich die diskrete Symmetrie des Quadrats natürlich nicht erkennen. Natürlich geht es auch umgekehrt, dass sich das physikalische System nicht verändern darf, sondern nur der Beobachter. In diesem Beispiel ist die Symmetrie auch gegeben, wenn man seinen Kopf um 90° neigt, während das Quadrat unverändert bleibt. [1]

Kurz und prägnant hat Richard P. Feynman Symmetrien in der Physik in einem Satz erklärt:
"Ein Ding ist symmetrisch, wenn man es einer bestimmten Operation aussetzen kann und es danach als genau das gleiche erscheint wie vor der Operation". Richard P. Feynman [2]
Mit "Operation" ist die Transformation, die wir als Symmetrieoperation definiert haben, gemeint.

2.1 Kontinuierliche Symmetrien

In der Geometrie scheinen die Symmetrien klar und verständlichen zu sein, doch warum werden sie in der Physik gebraucht? Hier möchte ich zunächst einige kontinuierliche Symmetrien beschreiben und die daraus folgenden Erkenntnisse für die Physik aufzeigen.

2.1.1 Isotropie des Raumes / Rotationsinvarianz:

Wenn zwei Physiker ständig die gleichen Naturgesetze sehen, obwohl der eine seinen Kopf ständig um 12 Grad gegen das Lot neigt, während der andere ganz normal durch die Welt läuft, dann sind die beobachteten Dinge invariant gegenüber Rotation. Daraus folgt, dass "bei einer beliebigen Drehung unserer Beobachtungsposition die physikalische Realität die gleiche bleibt" [1]. Dabei gilt aber auch genauso, dass bei einer beliebigen Drehung des physikalischen Systems die Beobachtungen die gleichen sind.

Obwohl wir vorhin die Drehung eines Quadrats als diskrete Symmetrie kennengelernt haben, darf man diese geometrische Symmetrieeigenschaft nicht auf die Rotationssymmetrie in der Physik übertragen. Diese ist eine ausschließlich kontinuierliche Symmetrie, da hier die Invarianz der Naturgesetze gegenüber dieser Symmetrieoperation gilt. [1]

2.1.2 Homogenität der Zeit / Zeitinvarianz

Wenn man ein Experiment zu einem bestimmten Zeitpunkt A durchführt und das gleiche Experiment zu einem späteren Zeitpunkt B durchführt und man dabei genau die gleiche Beobachtung macht, dann ist dieses Experiment invariant gegenüber der Zeit. Dieser Symmetrie begegnen wir jeden Tag, wenn wir zum Beispiel den Fernseher anmachen. Der Elektronenstrahl verhält sich zu jedem Zeitpunkt gleich wenn sich die äußeren Umstände nicht geändert haben. Natürlich kann das Bild mal verzerrt sein oder der Fernseher geht gar nicht, doch das liegt nicht an dem bestimmten Zeitpunkt sondern an anderen Faktoren, somit gilt die Homogenität der Zeit weiterhin, aber man muss beachten, dass hier Naturgesetze gemeint sind die invariant gegenüber dem Zeitpunkt des Vorgangs sind. [3] [4]

Man kann diese Symmetrie auch leicht aus bekannten Formeln herleiten wie zum Beispiel $v=\frac{s}{t}$. Das t ist nicht ein bestimmter Zeitpunkt, sondern eine bestimmte Zeitspanne, daraus folgt, dass die Geschwindigkeit nicht davon abhängt ob es Mittags oder Abends ist, sondern wie viel Strecke in welcher Zeitspanne zurückgelegt wurde.

2.1.3 Homogenität des Raumes / Translationsinvarianz

Die Translationsinvarianz besagt, dass ein physikalisches System sich nicht durch eine (konstante) Verschiebung des Sandortes verändert.

Einfach ausgedrückt heißt das, dass ein radioaktives Atom in Berlin mit der gleichen Wahrscheinlichkeit zerfällt, wie in Freiburg oder irgendwo anders in unserem Universum, so lang die äußeren Umstände die gleichen sind. Also sind auch hier nur die Gesetze invariant und nicht das Experiment an sich. [5] [6]

2.2 Noether-Theorem

Das Noether-Theorem besagt, dass es zu jeder kontinuierlichen Symmetrie entsprechend eine Erhaltungsgröße gibt.

Betrachten wir zunächst die Homogenität des Raumes. In einem abgeschlossenen physikalischen System, in dem das Potential 0 oder überall gleich ist, hat ein Objekt überall im Raum den gleichen Impuls, da nirgendwo eine Kraft auf dieses Objekt wirkt. Somit ist die Wahl des Standortes völlig irrelevant, da der Impuls sowieso überall der gleiche ist. In einem Gravitationspotential verändert sich der Impuls jedoch, je nach dem wo sich das Teilchen befindet. Hier ändert die Wahl des Standpunktes den Impuls. Dementsprechend gilt: Wenn die Wahl des Standpunktes keine Rolle spielt und deshalb die Translationsinvarianz gilt, dann gilt auch der Impulserhaltungssatz. In der Beschreibung dieser Symmetrie steht, dass sie nur durch eine konstante Verschiebung des Standortes gilt, denn wenn ich den Standort nicht konstant verschiebe, dann beschleunige ich das System (positiv oder negativ) und dementsprechend wirkt eine Kraft und der Impuls ist nicht mehr erhalten.

Ähnliches gilt auch für die anderen Symmetrien. Aus der Zeitinvarianz folgt der Energieerhaltungssatz. Zum Beispiel hat ein Pendel in einem abgeschlossenen System immer die gleiche Energie, nur die Form der Energie ändert sich. Hier spielt der Zeitpunkt des Experimentes keine Rolle und der Energieerhaltungssatz gilt. Wenn sich das Pendel über die Zeit aber verändert, weil zum Beispiel zu einem anderen Zeitpunkt ein höheres Gewicht dranhängt, dann verändert sich die Energie. Hier ist es aber wichtig zu beachten wann man das Pendel beobachtet hat, weil sich die Menge an Energie zeitlich verändert hat. Wenn es aber egal ist wann man das Pendel beobachtet und somit die Zeitinvarianz gilt, dann gilt auch der Energieerhaltungssatz.

Und auch aus der letzten für uns bekannten Symmetrie, der Rotationsinvarianz, folgt eine Erhaltungsgröße, nämlich die Drehimpulserhaltung. Wenn sich ein rotierendes Teilchen in dem Gravitationspotential eines Sterns befindet, bleibt der Drehimpuls erhalten, egal wie dieser Stern ausgerichtet ist, denn das Potential ist in alle Richtungen gleich. Wenn dem nicht so wäre, dann wäre der Drehimpuls des Teilchens nicht erhalten, wenn die Sonne sich um die eigene Achse dreht. Somit gilt die Drehimpulserhaltung, wenn auch die Rotationsinvarianz gilt.

Ich bin hier immer von einem isolierten System ausgegangen um das Noether Theorem zu beschreiben, was nach einem Sonderfall aussieht. Doch unser komplettes Universum wird als ein isoliertes physikalisches System bezeichnet, somit gilt alles was hier soeben erklärt wurde im ganzen uns bekannten Universum.

Dieses Noether Theorem beschreibt die Erhaltungssätze nun auf einer anderen Art und lässt dadurch auch andere Einblicke in die Erhaltungssätze zu. Außerdem folgt aus dem Theorem, dass wenn man eine kontinuierliche Symmetrie gefunden hat auch automatisch einen Erhaltungssatz gefunden hat und umgekehrt. Neben den hier beschriebenen Symmetrien gibt es noch mehr kontinuierliche Symmetrien und die daraus folgenden Erhaltungssätzen. [7] [8]

2.3 Diskrete Symmetrien

Die diskreten Symmetrien sind nicht mehr so trivial wie die kontinuierlichen Symmetrien und beziehen sich teilweise auf die Teilchenphysik.

2.3.1 Räumliche Spiegelung / Parität(sinvarianz) / P-Symmetrie

Anschaulich ausgedrückt besagt die Paritätsinvarianz, dass wenn man ein physikalisches Experiment im Spiegel betrachten, man nicht unterscheiden kann ob es das gespiegelte Bild ist oder das originale Experiment. Somit sind die Naturgesetze invariant gegenüber räumlicher Spiegelung an einem handelsüblichen Spiegel. Die Spiegelwelt lässt sich somit nicht von der unsrigen Welt unterscheiden. Ein Beispiel sind die chiralen Moleküle in der Chemie. Es gibt

Moleküle, die gespiegelt eindeutig anders aussehen, als nicht gespiegelte, jedoch sind ihre Eigenschaften identisch.

Genauer ausgedrückt ist es nicht nur eine Spiegelung an einer Ebene, wie an einem Spiegel, sondern eine Punktspiegelung. Wenn sich ein Objekt in einem kartesischen Koordinatensystem befindet und man dieses Objekt am Ursprung spiegelt führt man die eigentliche Symmetrieoperation der Paritätsinvarianz durch. Wenn ein Objekt die Koordinaten (x1,x2,x3) hat und man die oben beschriebene Transformation durchführt wird bei jeder Koordinate das Vorzeichen umgedreht und man erhält (-x1,-x2,-x3). Zum Beispiel erhalten Impulsvektoren ein negatives Vorzeichen und drehen sich somit einmal um 180°.

Bei dieser Symmetrieoperation werden Links und Rechts vertauscht, deswegen sagt man auch, dass die Natur nicht zwischen Links und Rechts unterscheidet. [1] [9] [10]

2.3.2 Ladungsumkehr / Ladungskonjugation / C-Symmetrie

Diese Symmetrie besagt, dass ein physikalisches System sich nicht verändert wenn die Ladungen umgedreht werden. Doch wie kann man die Ladung zum Beispiel eines Protons umdrehen, damit es negativ geladen ist?

Für jede Teilchenart aus der unsere bekannte Materie besteht (wie zum Beispiel Elektron, Proton und Neutron, die Atome bilden aus denen wir bestehen) gibt es Antiteilchen. So gibt es neben dem Elektron das Antielektron (auch Positron genannt) und dementsprechend gibt es auch das Antiproton. Diese Antimaterie hat genau die umgedrehte Ladung. Dies ist jedoch die einzige Eigenschaft die verändert ist. Somit sind Masse und alle anderen Eigenschaften die gleichen. Folglich haben wir nun eine Lösung für das zuvor genannte Problem. Wir können das Proton durch ein Antiproton austauschen und haben somit eine Ladungsumkehr durchgeführt. Da dies eine Symmetrieoperation ist, verhält sich ein System mit 2 Protonen genauso wie ein System mit 2 Antiprotonen, sie stoßen sich ab. [1]

Aufgrund dieser Symmetrie kann man davon ausgehen, dass die Natur nicht zwischen Antiteilchen und "normalen" Teilchen unterscheidet und somit keins von beiden bevorzugt. Daraus folgt, dass es genauso viele Antiteilchen wie normale Teilchen geben muss. Wenn jedoch ein Teilchen auf ein sein Antiteilchen, also zum Beispiel ein Elektron auf ein Positron, trifft vernichten sich die beiden Teilchen und es entsteht Energie und eventuell auch noch andere Teilchen. Dieser Vorgang wird Annihilation genannt. Wenn unser Universum also zu gleichen Teilen aus Materie und Antimaterie bestehen würde, könnten sich gar keine Strukturen bilden wie zum Beispiel unser Sonnensystem, da sich dauernd Teilchen und Antiteilchen vernichten würden. Dies ist aber offensichtlich nicht der Fall, denn es haben sich eben diese Strukturen gebildet, also muss die Natur die normale Materie in irgend einer Weise bevorzugen. Hier sieht man schon die ersten Anzeichen für einen Symmetriebruch in der Natur.

2.3.3 Zeitumkehrinvarianz / T-Symmetrie

Ein physikalischer Vorgang ist invariant gegenüber der Zeitumkehr, wenn es irrelevant ist ob die Zeit normal verläuft wie wir es gewohnt sind oder ob die Zeit genau umgekehrt verläuft. Wenn man ein physikalisches Experiment filmen würde und den Film rückwärts anschaut und man nicht unterscheiden kann ob der Film nun normal abgespielt wird oder eben rückwärts, dann ist die Zeitumkehr eine Symmetrieoperation dieses Experiments. Natürlich sieht man etwas anderes, wenn man den Film rückwärts abspielt als wenn man den Film normal abspielt. Hier geht es jedoch, darum dass die Naturgesetz die gleichen sind, nachdem die Symmetrieoperation durchgeführt wurde.

Wie ist die Zeitumkehrinvarianz nun zu verstehen? Betrachten wir nun die Lorentzkraft. Wenn sich ein Elektron mit der Geschwindigkeit v senkrecht zur Richtung der magnetischen Feldlinien bewegt, wird es durch die Lorentzkraft Fl abgelenkt. $Fl = e\ v\ B$

Wenn man die Zeit jetzt rückwärts ablaufen lässt, dann bleibt die Ladung e des Elektrons gleich. Die Geschwindigkeit v ist genau entgegengesetzt, also ^-v. Das Magnetfeld wird durch einen elektrischen Strom erzeugt. Bei einer Zeitumkehr fließen die Elektronen in die entgegengesetzte Richtung und das Magnetfeld dreht sich um, also wird aus der magnetischen Flussdichte B, nach dieser Symmetrieoperation -B. (Auch aus der Formel $B = \dfrac{\mu 0\ \mu r\ I\ l}{n}$ ersichtlich, da aus I ^-I wird und somit auch aus B ^-B) Nun lässt sich die Lorentzkraft durch $Fl2 = e\ {}^-v\ {}^-B$ beschreiben und man sieht, dass $Fl1 = Fl2$ ist. Somit ist die Lorentzkraft invariant gegenüber der Zeitumkehr. [11]

3 Symmetriebrüche

In den 50er Jahren wurden viele bis dahin unbekannte subatomare Teilchen gefunden, die ähnlich wie das Proton, Elektron und das Neutron sind. Jedoch haben sich diese Teilchen beim Zerfall in andere Teilchen, ähnlich dem radioaktiven Zerfall, nicht wie erwartet verhalten. Nach einiger Zeit kam man zu der Idee, dass die Symmetrie der Parität, beim Zerfall von subatomaren Teilchen gebrochen wird. Den Beweis für diese Theorie lieferte im Jahr 1956 das Wu-Experiment, welches von der chinesisch-amerikanischen Physikerin Chien-Shiung Wu durchgeführt wurde.

3.1 schwache Wechselwirkung

Um das Wu-Experiment zu verstehen muss zunächst einmal der radioaktive Zerfall genauer erläutert werden.

Bei der Erklärung der Symmetrien, wurde immer darauf hingewiesen, dass die Naturgesetze, nach einer bestimmten Symmetrieoperation erhalten bleiben. Also müssen wir zunächst einmal klären welches Naturgesetz dem Zerfall subatomarer Teilchen zugrunde liegt. Im heutigen physikalischem Weltbild geht man davon aus, dass es 4 Grundkräfte der Physik (auch fundamentale Wechselwirkungen genannt) gibt, die alle bekannten Interaktion von den bekannten Elementarteilchen beschreiben. Diese Elementarteilchen sind die Teilchen aus denen unsere sichtbare Materie besteht, wie zum Beispiel das Proton und Neutron. Beispielhaft seien hier die Quarks genannt aus denen die Atomkerne aufgebaut sind.

Zwei der fundamentalen Wechselwirkungen sind uns aus dem Alltag wohl bekannt: die Gravitation (Massenanziehung) und die elektromagnetische Wechselwirkung (Ladungsabstoßung und -anziehung). Darüber hinaus gibt es noch die starke Kernkraft, die dafür sorgt, dass die Atomkerne zusammengehalten werden, obwohl die Protonen sich eigentlich abstoßen. Die letzte und für das Wu-Experiment nötige Grundkraft ist die schwache Kernkraft (auch: schwache Wechselwirkung). Sie sorgt für den Zerfall subatomarer Teilchen, wie beim radioaktiven Zerfall des Neutrons. Dabei entsteht ein Proton und ein Elektron. Doch der Energieerhaltungssatz scheint bei diesem Vorgang verletzt zu sein, denn die Energie des radioaktiven Atoms ist höher als die Energie des zerfallenen Atoms plus die Energie des Elektrons. Also hat Wolfgang Pauli geschlussfolgert, dass bei diesem Prozess noch ein Teilchen entsteht und dieses Teilchen wurde auch gefunden. Es heißt Elektron-Antineutrino und ist ungeladen und die Masse ist sehr klein, deswegen hat man es früher nie bemerkt.

3.2 Spin

Der Spin beschreibt in der Physik die Drehrichtung der Rotation um die eigene Achse von Teilchen, ähnlich dem Drehimpuls. Wenn man sich ein rotierendes Objekt vorstellt und man die rechte Hand so um das Objekt krümmt, dass die Finger in die Richtung weisen, in der die Oberfläche des rotierenden Objektes umläuft, dann ist die Richtung des abgespreizten Daumens die Richtung des Spins. Zur Verdeutlichung:

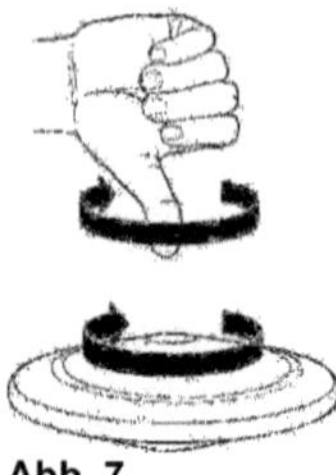

Abb. 7

Dies ist nur ein Versuch der Erklärung. Da der Spin eine sogenannte Quantenzahl ist, kann man ihn nicht vollständig mit Analogien der uns bekannten Umwelt erklären, man kann lediglich damit rechnen. Um die folgenden Experimente zu verstehen reicht diese Erklärung jedoch aus. Man muss aber noch deutlich sagen, dass sich der Spin auf atomare oder subatomare Teilchen bezieht und nicht ein Drehimpuls ist, wie in Abb. 7 gezeigt wird. Atomkerne haben zum Beispiel einen Spin.

Da es in diesem Kapitel um die Paritätsinvarianz geht muss noch kurz geklärt werden, wie sich der Spin bei dieser Symmetrieoperation verhält. Da es sich beim Spin um die Drehung um die eigene Achse handelt, kann das Objekt sich im Uhrzeigersinn oder gegen den Uhrzeigersinn drehen. Eine Uhr, dessen Ziffernblatt auf der x1x2 Ebene liegt, welche Senkrecht zum Spiegel steht, wird im Spiegel betrachtet. Bei dieser Transformation läuft die Uhr gegen den Uhrzeigersinn, jedoch ist dies noch nicht die vollständige Paritätsoperation. Um eine Punktspiegelung zu erreichen, müssen wir das Spiegelbild der Uhr noch um 180° um die x1 oder x2 Achse drehen. Dadurch wird das Ziffernblatt herumgedreht und dann läuft die Uhr im

Uhrzeigersinn. Dieses Beispiel mit der Uhr übertragen auf den Spin sagt also aus, dass die Paritätsoperation den Spin nicht ändert. [1]

3.3 Paritätsverletzung / Wu-Experiment

Da die schwache Kernkraft die Ursache des Zerfalls von Teilchen ist, lag es nahe, dass man den Zerfall eines radioaktiven Atomkerns beobachtet. Beim Wu-Experiment hat man den Beta-Strahler Cobalt-60 (^{60}Co) benutzt. Dieses Element ist sehr gut für den Versuch geeignet, da die Halbwertszeit nur bei 5,27 Jahren liegt. Also zerfallen viele Kerne in kurzer Zeit, was für viele Messergebnisse sorgt. Beim Zerfall entsteht ein Nickel-60 Atom, ein Elektron und ein Elektron-Antineutrino.

Doch wie kann man die Invarianz oder die Nicht-Invarianz gegenüber der Paritätsoperation überprüfen? Da man bei dem Zerfall nur das Elektron nachweisen kann, hat man beschlossen eben dieses zu messen.

Wo im Atom treten die Elektronen aber aus? Ein Atomkern ist kugelsymmetrisch, also wäre es so gut wie egal wo das Elektron austretet. Doch wir haben gerade eben den Spin eines Atomkerns kennengelernt, der bei jedem Atomkern in eine bestimmte Richtung zeigt.

Um zu überprüfen wo die Elektronen austreten, wurden nur die Elektronen, die in Richtung des Spins ausgetreten sind, gemessen. Aber wenn der Spin der Atome in unterschiedliche Richtungen zeigt, reicht es nicht aus nur an einer bestimmten Stelle die radioaktive Strahlung nachzuweisen und danach die Symmetrieoperation durchzuführen.

Am idealsten wäre es, wenn man nur ein Atom betrachten könnte um es zu beobachten wie es sich verhält. Dies ist leider ohne weiteres nicht so einfach möglich, deswegen muss man es schaffen, dass sich alle Atome, die man untersuchen will, gleich verhalten. In diesem Fall muss der Spin aller Atome in die gleiche Richtung zeigen. Diesen Zustand nennt man polarisiert. Dafür wurde ein homogenes Magnetfeld in Richtung z-Achse angelegt in dem sich der Spin der Atomkerne parallel zum Magnetfeld ausrichten. Damit dieser Zustand auch erhalten bleibt wurde die Temperatur der Probe auf 0,003 K herunter gekühlt, um die thermische Eigenbewegung zu minimieren.

Nun hat man die Elektronen gemessen die entgegen der Richtung des Spins aus dem Atomkern ausgetreten sind. Somit zeigt der Vektor des Impulses des Elektrons entgegen des Spins. Wenn man nun die Paritätsoperation durchführt, wird dieser Vektor genau in die andere Richtung zeigen. Der Spin jedoch bleibt gleich! Also müssen die Elektronen auch in Richtung des Spins genau sooft austreten, damit die Parität erhalten bleibt. Den Versuchsaufbau kann in dieser Grafik nochmal nachvollziehen:

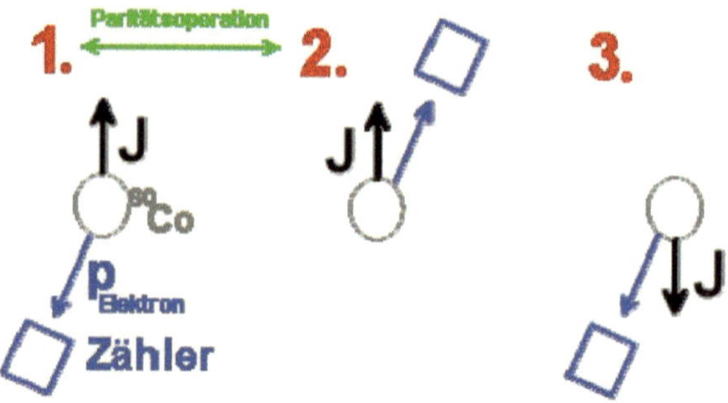

Abb. 1

Nummer 2 wäre die beschrieben Paritätsoperation, bei der der Spin gleich bleibt und nur der Austritt der Elektronen sich ändert, doch wie man offensichtlich erkennen kann, erreicht man die Paritätsoperation auch in Nummer 3, indem man den Spin um 180° dreht und weiterhin an der gleiche Stelle die Elektronen misst. Dies erreicht man durch die Drehung des Magnetfelds um 180°.

Nun sollte der Elektronendetektor, der nicht verändert wurde, gleichviel Elektronen messen. [1] [12] [13] [14]

Das Ergebnis ist hier zu sehen:

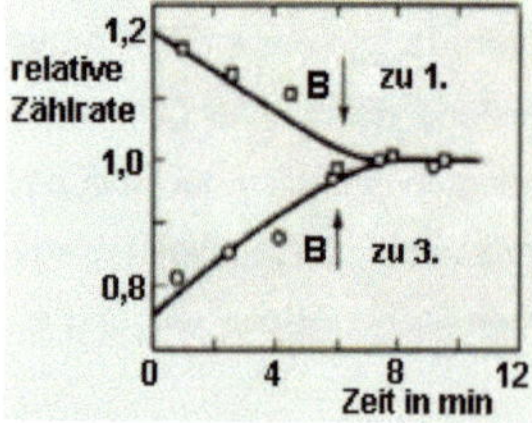

Abb. 2

Auf der x-Achse erkannt man wie viele Elektronen detektiert wurden und auf der y-Achse ist die Zeit abgetragen. Die obere Kurve gehört zum ersten Experiment und die untere Kurve zum zweiten bzw. dritten Experiment. Das Ergebnis war schockierend, da beim ersten Experiment mehr Elektronen gemessen wurden als beim zweiten, obwohl wir gerade eben erst geklärt haben, dass man das gleiche Ergebnis erwartet hätte. Somit wurde bewiesen, dass unsere schöne symmetrische Natur doch nicht so perfekt ist und der Austritt der Elektronen beim Beta-Zerfall von der Richtung des Spins abhängt.

Die Kurven gleichen sich mit der Zeit an, da sich die ^{60}Co-Probe mit der Zeit wieder erwärmt hat und somit nicht mehr polarisiert war, also haben die Spins wieder in völlig unterschiedliche Richtungen gezeigt.

3.4 Helizität

Wenn ein Teilchen sich gerade aus bewegt, kann der Spin in die gleiche Richtung zeigen in die das Teilchen fliegt oder in die entgegengesetzte. Im ersten Fall spricht man hier von "Rechtshändigen" und im anderen Fall von "Linkshändigen" Teilchen. Da der Vektor v und der Vektor des Spins ausschlaggebend sind, ändert sich die Helizität bei der Paritätsoperation. Der Vektor v wird um 180° gedreht, während der Spin erhalten bleibt, also wird aus Linkshändig Rechtshändig und umgekehrt. Bei Teilchen die Masse besitzen muss man jedoch aufpassen. Massebehaftete Teilchen können nie die Lichtgeschwindigkeit erreichen, somit kann es immer etwas geben, das schneller ist als dieses Teilchen. Wenn der Beobachter nun einem linkshändigen Teilchen hinterher fliegt und schneller ist, überholt er es irgendwann. Wenn man jedoch weiterhin schneller ist als das Linkshändige Teilchen ist, erscheint es für den Beobachter nun so, als ob das Teilchen jetzt in die entgegengesetzte Richtung fliegt, somit ist hier für den Beobachter der Vektor v um 180° gedreht und das ehemals Linkshändige wird zu einem Rechtshändigen Teilchen. Masselose Teilchen fliegen mit Lichtgeschwindigkeit, also gibt es keinen Beobachter der schneller sein kann, also bleibt die Heliztät immer gleich. [1]

Nun haben wir herausgefunden, dass linkshändige Teilchen in der Spiegelwelt den Rechtshändigen entsprechen. Wenn die Paritätsinvarianz nun stimmt unterscheidet die Natur nicht zwischen Links- und Rechtshändig, doch beim Wu-Experiment wurde der Bruch dieser Symmetrie bei der schwachen Wechselwirkung bewiesen. Nun haben sich Wissenschaftler die Frage gestellt wie es eigentlich mit der Helizität kleiner Teilchen bei dieser Symmetrieoperation aussieht. Hier hat man sich für die Neutrinos entschieden, da sie erstens anscheinend keine Masse haben, also ist die Helizität eindeutig und außerdem lag es wahrscheinlich nahe dieses Teilchen zu untersuchen, da es das Einzige ist, welches nur mit der schwachen Kernkraft wechselwirkt. Die Bedienung, dass es genauso viele Rechts- wie Linkshändige Neutrinos gibt, wurde im Goldhaber-Experiment untersucht. Jedoch wurden ausschließlich Linkshändige Neutrinos gefunden. Dementsprechend ist auch hier die Paritätsinvarianz gebrochen. Schließlich hat man Antineutrinos untersucht und dort nur Rechtshändige gefunden, was mit dem Ergebnis des oberen Experiments übereinstimmt. Jedoch kann man hier etwas ganz interessantes erkennen. Wenn ich bei einem Linkshändigen Neutrino die Paritätsoperation durchführe, sollte ein Rechtshändiges Neutrino entstehen. Dieses gibt es aber nicht. Wenn man nun außerdem die Symmetrieoperation der Ladungsumkehr durchführt, erhält man ein Rechtshändiges Antineutrino. Dieses ist in der Natur zu finden. Man spricht von der CP-Invarianz. Wie im Beispiel oben muss man hier die Ladungsumkehrung und die Punktspiegelung gleichzeitig durchführen und das bestehende System erscheint unverändert.

Diese Ergebnisse der Paritätsverletzung haben die Welt der Physiker sehr erschüttert, doch nun scheint wenigstens die CP-Invarianz gültig zu sein, wenn schon C und P als einzelne Symmetrien gebrochen sind. (Die C-Symmetrie ist gebrochen, da es keine linkshändigen Antineutrinos gibt.)

Darüber hinaus können wir nun mit diesem Wissen das Wu-Experiment besser verstehen. Der Spin hat nicht nur eine Richtung, sondern auch noch einen Wert. Beim Co-60 Atom beträgt der Wert +5 und beim Zerfallsprodukt dem Ni-60 Atomkern ist dieser Wert +4. Doch es darf nicht einfach Spin verloren gehen, also haben das Elektron und das Elektron-Antineutrino jeweils einen Spin von +1/2. Da bei allen Teilchen der Spin positiv ist, zeigen auch alle Spins in die gleiche Richtung, nämlich in die Richtung des Magnetfeldes. Doch nun wissen wir, dass das Elektron-Antineutrino immer rechtshändig ist und somit der Spin und die Bewegungsrichtung übereinstimmen. Man kann auch sagen, dass Spin und Impuls in die gleiche Richtung zeigen. Aufgrund des Impulserhaltungssatz muss das Elektron genau in die entgegengesetzte Richtung des Elektron-Antineutrinos fliegen. Daraus folgt, dass die Elektronen immer entgegen des Spins des Co-60 Kerns austreten, was letztendlich im Wu-Experiment bewiesen wurde und man in den oben abgebildeten Messergebnissen nachvollziehen kann.

Die hier beschriebenen Folgerungen sind alles nur Näherungen, da der Impuls nicht nur auf das Elektron und Elektron-Antineutrino, sondern auch noch auf den Atomkern aufgeteilt wird. Dadurch kann das Elektron auch in andere Richtungen, als entgegen des Spins fliegen.

Außerdem beträgt der Spin nicht bei jedem Co-60 Atom genau +5. Trotzdem reicht die hier aufgeführte Erklärung aus um die Brechung der Paritätsinvarianz zu beschreiben. [30]

3.5 CP-Verletzung

Dank Rutherford und vielen anderen Physikern wissen wir heutzutage woraus Materie besteht, nämlich Elektronen, Protonen und Neutronen. Doch Anfang der 60er wurden viele neue Entdeckungen gemacht. Teilchenbeschleuniger wurden gebaut, in denen Elektronen und Protonen auf sehr hohe Geschwindigkeiten beschleunigt werden um sie dann kollidieren zu lassen. Aufgrund dieser Versuche konnte man viel über subnukleare Physik erfahren. Aufgrund der hohen Energien die erzeugt werden, können neue Teilchen entstehen, da Masse und Energie äquivalent sind, das heißt durch die Energie, die hineingesteckt wurde, entsteht Materie. Schließlich entstanden nicht nur die bekannten Teilchen, sondern auch noch viele andere, deren Existenz man noch nicht erklären konnte. Die Erklärung heutzutage ist, dass es noch kleinere Strukturen gibt, nämlich die Quarks. Das Proton zum Beispiel besteht aus zwei sogenannten Up-Quarks und einem Down-Quark. Um auf eine positive Ladung von 1 zu kommen, müssen die Up-Quarks jeweils eine Ladung von +2/3 und das Down-Quark eine Ladung von -1/3 besitzen. Das Neutron besteht aus 2 Down-Quarks und einem Up-Quark und hat somit die Ladung 0. Darüber hinaus gibt es noch 4 andere Quarks und deren Antiteilchen, die in der unteren Tabelle aufgelistet sind.

Quarks	Ladung
Up-Quark	+2/3
Down-Quark	-1/3
Strange-Quark	-1/3
Charm-Quark	+2/3
Bottom-Quark	-1/3
Top-Quark	+2/3

Für den weiteren Verlauf dieser Arbeit benötigen wir nur noch die Kenntnis des Strange-Quarks, darauf wird aber später noch einmal eingegangen.

Aus der Kombination verschiedener Quarks können sehr viele verschiedene Teilchen entstehen, die aber nochmal in 2 verschiedene Klassen aufgeteilt werden: Baryonen bestehen aus 3 Quarks wie Protonen und Neutronen.

Mesonen bestehen aus 2 Quarks, ein Quark-Antiquark Paar, wie zum Beispiel das Pion0. (Up-Antiup Quarkpaar)

In diesen Experimenten wurde eine substruktur bei den Protonen und Neutronen festgestellt, beim Elektron wurde jedoch noch keine substruktur entdeckt.

Bei der Erforschung des sogenannten Teilchenzoos, also der Entdeckung der vielen verschiedenen Baryonen und Mesonen, fand man auch das Kaon. Es gibt vier verschiedene:

K^+ (1 Up-Quark und 1 Strange-Antiquark $\rightarrow$ Ladung: +1) und das dazugehörige Antiteilchen

K^- (1 Up-Antiquark und 1 Strange-Quark $\rightarrow$ Ladung: -1)

mittlere Lebensdauer: $1{,}2380(21) \cdot 10^{-8}$

K^0 (1 Down-Quark und 1 Strange-Antiquark $\rightarrow$ Ladung: 0) und das dazugehörige Antiteilchen

K^0**quer** (1 Down-Antiquark und 1 Strange-Quark $\rightarrow$ Ladung: 0)

mittlere Lebensdauer: $5{,}116(20) \cdot 10^{-8}$ s bis $8{,}953(5) \cdot 10^{-11}$ s

Bei den Eigenschaften habe ich auch die mittlere Lebensdauer dazugeschrieben, das heißt, dass diese Teilchen durch die schwache Wechselwirkung zerfallen wie weiter oben schon beschrieben. Wie man sieht ist die mittlere Lebensdauer sehr gering und liegt nicht in dem Bereich des menschlich wahrnehmbaren und der Zerfall ist auch ein anderer als ein Alpha-, Beta- oder Gamma-Zerfall eines Atomkerns. Dafür müssen wir tiefer in die Materie hineinschauen, bis hin zu den Quarks. Zuerst werde ich es an einem Beta-Zerfall erklären um es dann auf den Zerfall eines Kaons zu übertragen.

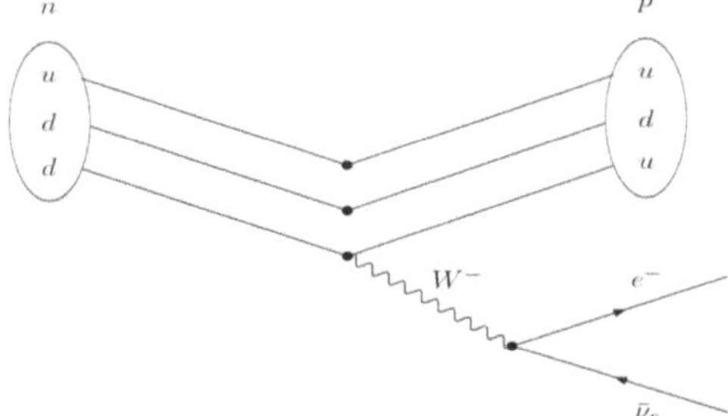

Abb. 5 zur Veranschaulichung eines Beta-Zerfalls (das Diagramm wird von Links nach Rechts gelesen und beschreibt den zeitlichen Ablauf des Beta-Zerfalls).

Beim radioaktiven Beta-Zerfall wird ein Neutron in ein Proton, ein Elektron und ein Elektron-Antineutrino verwandelt. Auf subnuklearer Ebene liegt am Anfang ein Neutron vor, welches aus 2 Down- und einem Up-Qquark besteht. Nun wandelt sich ein Down-Quark in ein Up-Quark um, somit haben wir 2 Up-Quarks und ein Down-Quark, was ein Proton ist. Dieses ist jedoch +1 geladenen, obwohl wir davor keine Ladung hatten. Als Ausgleich ist das W⁻-Boson entstanden. Es ist das "Vermittlerteilchen" der schwachen Wechselwirkung und ermöglicht den radioaktiven Zerfall, indem es für die Ladungserhaltung sorgt, da es einmal negativ geladen ist. Das W⁻-Boson ist jedoch sehr kurzlebig und zerfällt in 3*10^-25 Sekunden. In diesem Fall entsteht dann schlussendlich ein Elektron und ein Elektron-Antineutrino. Dies ist die Beschreibung des radioaktiven Zerfalls mithilfe der schwachen Wechselwirkung und der Kenntnis von Quarks.

Beim K^0 entstehen 2 Pionen, ein Pi⁻ und ein Pi⁺, dabei wird das Strange-Antiquark in ein Up-Antiquark umgewandelt und ein W⁺-Boson entsteht welches in ein Up-Quark und ein Down-Antiquark zerfällt was ein Pi⁺ ist. Das davor entstandene Up-Antiquark bildet mit dem Down-Quark vom ehemaligen Kaon das Pi⁻.

das K^0quer zerfällt ähnlich nur das eben die Ladungen umgetauscht sind, ganz nach der C-Symmetrie. Darüber hinaus sind noch andere Zerfälle beim Kaon möglich, doch darauf wird hier nicht weiter eingegangen.

Die meisten Teilchen und Atomkerne zerfallen, wie bekannt exponentiell, das heißt nach der Halbwertszeit ist nur noch die Hälfte der Teilchen da und so weiter. Dies entspricht der Kurve E im Diagramm. Jedoch weicht der Zerfall der Kaonen (Kurve K) davon ab. In diesem Diagramm sind die neutralen Kaonen gemeint.

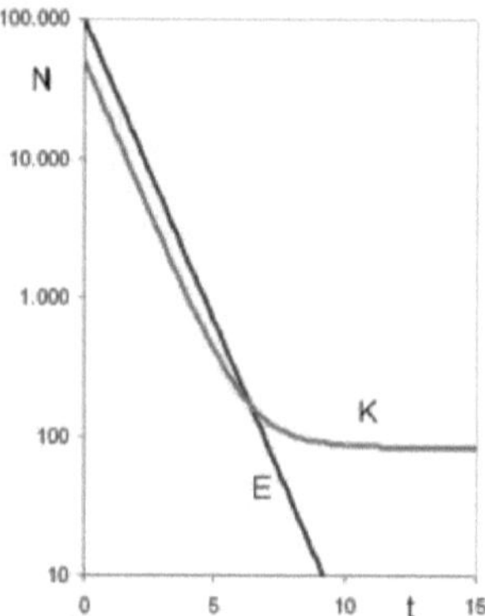

Abb. 3

Die Begründung dafür ist, dass sich ein K^0 durch die schwache Kraft in ein K^0quer umwandeln kann und umgekehrt. Dieser Vorgang wird hier genauer beschrieben:

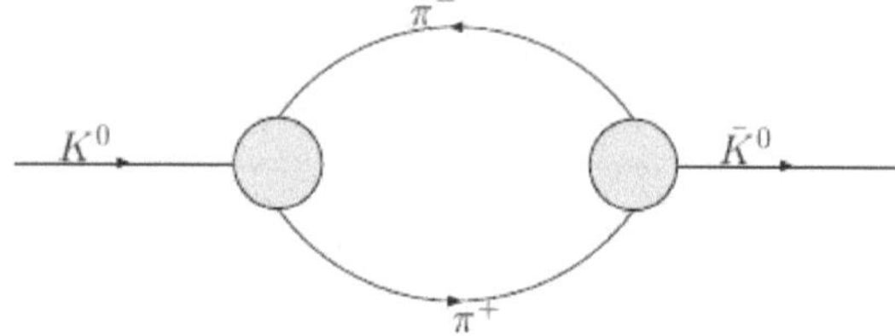

Abb. 6: Das K^0 zerfällt wie schon beschrieben in ein Pi$^+$ und ein Pi$^-$ und diese vernichten sich gegenseitig (annihilieren siehe C-Symmetrie) und dadurch entsteht das K^0quer.

Nach der C-Symmetrie sollten beide Teilchen gleich schnell zerfallen, was die Kurve E ergeben würde, doch genauere Untersuchungen haben ergeben, dass die beiden K^0 Mesonen unterschiedlich schnell zerfallen. Das heißt wenn man nur K^0 oder nur K^0quer Mesonen hätte, würde sich immer ein Teil davon in das jeweilige Antiteilchen verwandeln. Somit liegen zwei verschiedene Teilchen vor die unterschiedlich schnell zerfallen und somit scheint der Zerfall von neutralen Kaonen nicht der Gesetzmäßigkeit der Halbwertszeit zu entsprechen.
Die Symmetriebrechung liegt hier nun sehr offensichtlich darin, dass bei einem K^0-Meson eine Ladungskonjugation durchgeführt wurde und aus einem K^0-Meson wurde ein K^0quer-Meson. Die

Ladungskonjugation ist aber eine Symmetrieoperation, also sollten diese beiden Teilchen den gleichen Gesetzmäßigkeiten folgen, was sie aber nicht machen. Somit ist ein C-Symmetriebruch vorhanden. Darüber hinaus ist auch noch die Brechung der CP-Symmetrie vorhanden. Wenn nur die Paritätsoperation durchgeführt wird ändert sich nichts, da man nur Atome an einem Punkt spiegeln müsste, was nichts an den Zerfallsgesetzen verändert. Wenn also nun die Ladungskonjugation durchgeführt wurde, ist diese Symmetrie gebrochen, wenn man jetzt aber auch noch die Paritätsoperation durchführt ändert diese nichts, also ist die Kombination beider Symmetrien auch gebrochen, also ist sowohl die C-Symmetrie als auch die CP-Symmetrie gebrochen.

Hier wurde jetzt nur die Brechung der Symmetrie beim Zerfall der Kaonen erklärt, was mit der schwachen Wechselwirkung zusammenhängt. Zusätzlich hängt die Umwandlung der neutralen Kaonen mit der schwachen Wechselwirkung zusammen. Hier ist die CP-Symmetrie auch gebrochen, da die eine Sorte sich öfter in die andere verwandelt als umgekehrt. Diese Erkenntnis wird als indirekte CP-Verletzung bezeichnet.

Ich habe Ihnen nun 3 Symmetriebrechungen vorgestellt, doch was kann man daraus schließen? Anhand der C-Symmetrie möchte ich nun Beispielhaft erläutern, weshalb dieser Symmetriebruch so bedeutend ist: In dem Kapitel C-Symmetrie habe ich schon erläutert, dass die Natur die „normale" Materie der Antimaterie bevorzugt, sonst würden wir jetzt nicht leben. Dieses Experiment mit den Kaonen hat nun diese Vermutung, der Verletzung dieser Symmetrie, bestätigt. Man kann sich vielleicht nun besser vorstellen, was während dem Urknall passiert ist, doch genaue Messungen dieser Symmetrieverletzung haben ergeben, dass sie viel zu gering ist, dass sich so viel mehr „normale" Materie gebildet hat. Deswegen ist man heute immer noch auf der Suche nach weiteren Erkenntnissen bei den Symmetriebrüchen. [16] [17] [18]

3.6 CPT Symmetrie

Das CPT-Theorem besagt, dass bei der Ausführung aller drei diskreten Symmetrieoperation, die physikalischen Gesetze unverändert bleiben. Bezogen auf das Beispiel der CP-Verletzung, bedeutet dies folgendes: Wenn man bei diesem Experiment die Zeit noch umkehrt, stellt man keinen Unterschied beim Zerfall der beiden neutralen Kaonen fest. Daraus kann man schließen, dass dieses Experiment nicht invariant gegenüber der Zeitumkehr ist, da eben diese Zeitumkehr etwas merklich verändert, was die CP-Verletzung wieder aufhebt.

Nach heutiger Messgenauigkeit wurde dieses Theorem schon bestätigt, doch es gibt Theorien, die die Verletzung dieses Theorems bei noch größerer Genauigkeit vorhersagen. Daran wird momentan geforscht. [19] [20]

4 Higgs-Mechanismus

Schon immer wollte die Menschheit wissen, woraus die Welt besteht und warum Dinge passieren, wie sie eben passieren. Man erkannte, dass alles was wir von unserer Erde kennen aus Atomen besteht und diese wiederum aus einer Hülle und einem Kern. Vorhin haben wir darüber hinaus die Quarks kennengelernt, die ein Großteil der Materie ausmachen. Somit hat man erkannt woraus die Natur besteht, doch damit etwas passiert muss es noch Kräfte geben, wie die schon genauer beschriebene schwache Kernkraft, die den Zerfall von Teilchen "vermittelt". Die uns bekannten Teilchen und die Kräfte beschreiben unsere Welt, wie wir sie wahrnehmen, schon ziemlich gut und sind in dem Standardmodell der Elementarteilchen zusammengefasst:

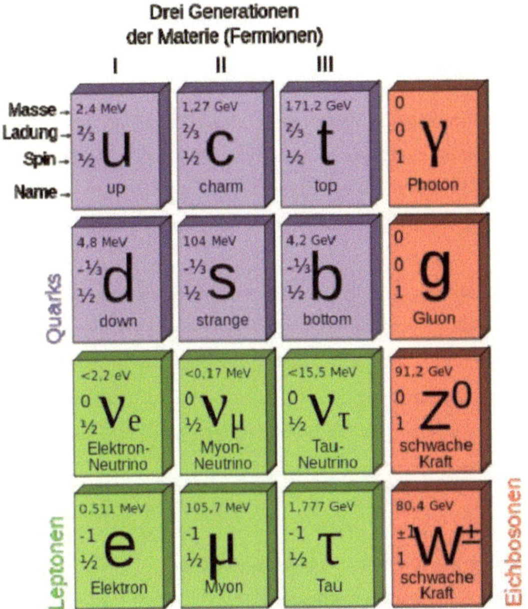

Abb. 4

Wie man sieht, sind die 6 uns schon bekannten Quarks aufgelistet, die alle Baryonen und Mesonen bilden. Grün hinterlegt sind die sogenannten Leptonen, wie zum Beispiel das Elektron. Das Myon und Tau sind dem Elektron ähnlich, denn sie haben auch eine Ladung von -1, jedoch sind sie schwerer. Jedes dieser 3 Leptonen hat ein "Neutrinopartner", das Elektron-Neutrino, das Myon-Neutrino und das Tau-Neutrino. Diese unterscheiden sich auch hauptsächlich in der Masse und haben alle die gleiche neutrale Ladung. Wie wir schon gelernt haben gibt es noch die Antimaterie. Jedes Quark und Lepton hat noch ein Antimaterie-"Partner" mit der entgegengesetzten Ladung. Rot hinterlegt sind die Eichbosonen, die vorhin "Vermittlerteilchen" genannt wurden, da diese die Kräfte vermitteln. Das W-Boson und das Z-Boson vermitteln die schwache Kraft, das Gluon die starke Kraft und das Photon die elektromagnetische Kraft. Die starke Kraft verursacht, dass sich die Quarks anziehen und ist somit für den Zusammenhalt der Atomkerne verantwortlich. Die elektromagnetische Kraft lässt sich gleichnamige Ladungen abstoßen und unterschiedliche Ladungen anziehen, also sorgt diese Kraft dafür, dass sich zum Beispiel 2 Protonen abstoßen.

Mit diesem Modell kann man, wie gesagt, die Welt ziemlich gut beschreiben, doch es entstand ein großer Widerspruch. In der sogenannten Eichtheorie (auch Eichinvarianz bzw. Eichsymmetrie genannt) wird mit masselosen Eichbosonen gerechnet. Wie man in Abbildung 4 jedoch erkennen kann, haben die Z- und W-Bosonen eine Masse. Sogar eine relativ große. Im Vergleich: das Proton hat eine Masse von ca. 1 GeV/c² und das Z-Boson eine 91 Mal größere Masse von 91,2 GeV/c².

Zur Erläuterung der Einheiten: eV steht für Elektronenvolt und die Definition ist: "Ein Elektronenvolt ist die Energie, die ein Teilchen mit der Ladung 1 e (Elementarladung) erhält, wenn es im Vakuum die Spannung von 1 Volt durchläuft, durch diese Beschleunigungsspannung eine höhere Geschwindigkeit und somit eine größere kinetische Energie gewinnt." [21] Folglich ist es nur eine andere Energieeinheit und 1eV entspricht 1,602*10^-19 Joule. Massen können jetzt durch die Gleichung $E = m\,c^2$ in $m = \dfrac{E}{c^2}$ angegeben werden, was zu der Einheit eV/c² führt.

Unser Problem ist also, warum manche Eichbosonen doch eine Masse haben.

Hier muss man zwischen 2 verschiedenen Massen unterscheiden:

1. Die schwere Masse: Man erkennt sie daran, dass sich 2 verschiedene Massen anziehen, und dass wir Menschen Schwerkraft spüren.

2. Die träge Masse: Man muss Kraft aufwenden um ein Gegenstand zu beschleunigen oder zu bremsen.

Die Eichbosonen der schwachen Wechselwirkung besitzen eben diese träge Masse und wenn man diese bei der Eichtheorie berücksichtigt bekommt man sinnlose Ergebnisse. Also nimmt man weiterhin an, dass die Vermittlerteilchen keine Masse besitzen und die derzeitige Theorie muss eben erweitert werden, so dass alle bestehenden Gleichungen stimmen, aber die Teilchen trotzdem irgendwie Masse besitzen. Und hier hat man sich eines Tricks bedient, der in dieser Arbeit schon öfter erläutert wurde. Wenn es sich bei der Eichtheorie um eine Symmetrie handelt wird sie einfach gebrochen. In diesem Fall wird dies als spontaner Symmetriebruch bezeichnet und wird nun im Higgs-Mechanismus beschrieben:

Diese Theorie besagt, dass der Raum mit einem sogenannten Higgs-Feld durchzogen ist. Teilchen die dieses Feld nicht spüren, können sich mit der höchsten Geschwindigkeit, der Lichtgeschwindigkeit, fortbewegen, wie zum Beispiel das Photon. Teilchen die das Higgs-Feld spüren besitzen Masse und können sich nicht mehr mit Lichtgeschwindigkeit bewegen und man benötigt eine Kraft um diese träge Masse zu beschleunigen. Wäre dieses Feld nicht da würde sich jedes Teilchen mit Lichtgeschwindigkeit fortbewegen. Somit ist Masse keine Eigenschaft sonder eine Konsequenz aus der Wechselwirkung von Teilchen und Feld. Je größer diese Wechselwirkung ist, desto mehr Masse hat dieses Teilchen. Analog dazu, kann sich ein Fisch im Wasser sehr schnell fortbewegen, da es wenig Reibung erfährt. Ein Mensch hat jedoch Schwierigkeiten im Wasser vorwärts zu kommen, da die Reibung zu groß ist. Ein Teilchen mit wenig Masse entspricht hier dem Fisch, da es leicht beschleunigt werden kann, aufgrund der geringen Wechselwirkung. Der Mensch entspricht einem schweren Teilchen, da hier die Wechselwirkung mit dem Higgs-Feld größer ist. So würden sich die verschiedenen Massen der Eichbosonen erklären lassen, während die Gleichungen der Physik weiterhin stimmen. Darüber hinaus hat man auch noch eine Erklärung woher die Massen der Quarks und Leptonen stammen.

Dieses Higgs-Feld durchzieht den Raum des kompletten Universums und ist überall gleich. So ein Feld wird ein skalares Feld genannt, im Gegensatz zu einem vektoriellen Feld bei dem noch eine klare Richtung angegeben wird. Dieses skalare Higgs-Feld ist wie schon gesagt überall gleich und somit symmetrisch.

Wenn dieses Higgs-Feld existiert muss es jedoch zwingend das sogenannte Higgs-Boson, als „Vermittlerteilchen", geben. Dieses wurde bis jetzt aber noch nicht gefunden, da es eine sehr große Masse besitzen muss. Deswegen werden immer größere Teilchenbeschleuniger gebaut, wie zum Beispiel der LHC, um größere Energien erzeugen zu können. So versucht man das Higgs-Boson zu suchen und falls man es nicht findet, muss man sich eben eine neue Theorie überlegen. [22] [23]

5 Quellennachweise

[1] Zee, Anthony: Magische Symmetrie : die Ästhetik in der modernen Physik
Berlin : Birkhäuser, 1990,

[2] http://www.techniklexikon.net/d/symmetrie/symmetrie.htm

[3] http://de.wikipedia.org/w/index.php?title=Zeitinvarianz&oldid=91882223

[4] http://www.uni-protokolle.de/Lexikon/Homogenit%E4t_der_Zeit.html

[5] http://en.wikipedia.org/w/index.php?title=Translational_symmetry&oldid=441954457

[6] http://en.wikipedia.org/w/index.php?title=Symmetry_%28physics%29&oldid=442153493

[7] http://de.wikipedia.org/w/index.php?title=Noether-Theorem&oldid=95888325

[8] http://en.wikipedia.org/w/index.php?title=Noether%27s_theorem&oldid=463823251

[9] http://www.solstice.de/grundl_d_tph/sm_ww/sm_ww_sch8a.html

[10] http://de.wikipedia.org/w/index.php?title=Parit%C3%A4t_%28Physik%29&oldid=91886804

[11] http://de.wikipedia.org/w/index.php?title=Zeitumkehr_%28Physik%29&oldid=89145627

[12] http://www.solstice.de/grundl_d_tph/sm_ww/sm_ww_sch8a.html

[13] http://www.physik.uni-bielefeld.de/~yorks/pro06/v7.pdf

[14] http://pauli.uni-muenster.de/tp/fileadmin/lehre/teilchen/ss08/CPVerletzung.pdf

[15] http://www.physik.uni-bielefeld.de/~yorks/pro06/v7.pdf

[16] http://www.weltderphysik.de/de/4744.php

[17] http://pauli.uni-muenster.de/tp/fileadmin/lehre/teilchen/ss08/CPT.pdf

[18] http://en.wikipedia.org/w/index.php?title=CP_violation&oldid=456929206

[19] http://de.wikipedia.org/wiki/CPT-Theorem#cite_note-PDG06-0

[20] http://pauli.uni-muenster.de/tp/fileadmin/lehre/teilchen/ss08/CPT.pdf

[21] http://de.wikipedia.org/w/index.php?title=Elektronenvolt&oldid=94476446

[22] http://www.weltderphysik.de/de/6894.php

[23]http://www.br.de/fernsehen/br-alpha/sendungen/alpha-centauri/alpha-centauri-higgs-teilchen-2005_x100.html

Abb. 1: http://www.solstice.de/grundl_d_tph/sm_ww/sm_ww_sch8a.html

Abb. 2: http://www.solstice.de/grundl_d_tph/sm_ww/sm_ww_sch8a.html

Abb. 3: http://www.weltderphysik.de/de/4744.php

Abb. 4: http://de.wikipedia.org/w/index.php?title=Standardmodell&oldid=95316745

Abb. 5: http://kjende.web.cern.ch/kjende/images/Feynman/betaminus.png

Abb. 6: http://pauli.uni-muenster.de/tp/fileadmin/lehre/teilchen/ss08/CPVerletzung.pdf

Abb. 7: http://www.answers.com/topic/right-hand-thumb-rule